小学生气象科普

气象神探贝贝狗

系列②

雨中自动射击的手枪

朱应珍 著
陈绯旸 绘图

气象出版社
China Meteorological Press

图书在版编目（CIP）数据

雨中自动射击的手枪/朱应珍著.—北京：气象出版社，2012.1

（小学生气象科普.气象神探贝贝狗系列；2）

ISBN 978-7-5029-5335-5

Ⅰ.①雨… Ⅱ.①朱… Ⅲ.①气象学-少年读物 Ⅳ.①P4-49

中国版本图书馆CIP数据核字（2011）第225050号

Qixiang Shentan Beibeigou Xilie ②——Yu Zhong Zidong Sheji de Shouqiang

气象神探贝贝狗系列②——雨中自动射击的手枪

出版发行：气象出版社
地　　址：北京市海淀区中关村南大街46号
邮政编码：100081
总 编 室：010-68407112
发 行 部：010-68409198
网　　址：http://www.cmp.cma.gov.cn
E-mail：qxcbs@cma.gov.cn
责任编辑：崔晓军　姜　昊
终　　审：章澄昌
封面设计：博雅思企划
绘　　图：肆点半动画工作室　陈绯旸
责任技编：吴庭芳
责任校对：永　通
印　　刷：北京中新伟业印刷有限公司
开　　本：880mm × 1230mm　1/32
印　　张：3.5
字　　数：40千字
版　　次：2012年1月第1版
印　　次：2012年1月第1次印刷
印　　数：1—6000
定　　价：9.00元

序

少年儿童是祖国的花朵，是国家的未来，特别需要全社会的精心呵护。我国是世界上气象灾害频发的国家之一，在自然灾害中气象灾害占70%以上，而少年儿童又是防御自然灾害最薄弱的环节之一。人们不会忘记，2005年6月黑龙江省沙兰镇一场突发性局地暴雨引发的山洪夺去了107名小学生的生命；2007年5月重庆开县的一次雷击造成7名小学生死亡、几十名学生受伤……这些惨痛的教训,充分印证了加强少年儿童的气象防灾减灾科普教育的重要性和必要性。党和国家历来十分重视少年儿童的防灾减灾科普教育工作，胡锦涛总书记多次强调，要将防灾减灾知识纳入国民教育。因此，防灾减灾从娃娃抓起，使少年儿童树立良好的气象防灾减灾意识，提高自救互救基本能力，非常重要，意义深远。

气象科普是气象科技联系经济社会发展和人民生产生活的重要纽带，也是推动气象事业科学发展，提升公共气象服务能力，发挥气象服务效益的重要途径。气象出版社以气象防灾减灾为主体，组织编写出版《小学生气象科普》系列图书，正是气象事业和出版事业以人为本、服务社会的体现。为此，我感到十分欣慰，也很高兴写《序》，向广大的少年儿童推荐此系列图书。

《小水珠系列》通过两滴来自不同星球的小水珠的偶遇和忽天忽地的结伴旅行及那门变幻莫测、绝伦无比的“气象炮”的神通广大，把许多常人不易明白的天气、天象变化原理，诠释得恰到好处，比如说大多数人都知道台风破坏力极大，但小水珠却因落进了台风眼而安然无恙，这些一波三折故事的叙述，让小读者在担心之中很容易理解其中的气象知识。

《森林村的小气象迷系列》通过小猴子、小梅花鹿、小蜜蜂、小蚂蚁、小恐龙、小灵猫这些比较可爱、孩子们又比较喜欢的动物形象来展现故事情节。这些森林村的小动物在日常生活中总会碰到这样或那样与天气有关的问题，而对同一个问题大家都会根据自己的理解去解释，从而产生出不同的答案。本系列图书在解决矛盾冲突、给出正确答案的过程中，把风雨雷电、阴晴冷暖等枯燥抽象的气象知识活灵活现地呈现在小读者面前。

《气象神探贝贝狗系列》描述了森林村的小动物在生活中遇到的不少难以破解的案例，这些案例有的导致动物死亡，有的造成植物毁坏，有的引发集体生病……气象神探贝贝狗利用自己掌握的气象知识破解了一个个难解之谜。我想这些故事能启发小读者，如何趋利避害合理利用气象知识。

以上图书语言简洁、活泼、有情趣，行文中运用了孩子的口气，不仅能吸引少年儿童，成年人看后，也会意犹未尽。不难看出，作者是在力求吃透气象知识的科学原理，抓住其本质，把气象科普知识以最贴近实际、最贴近生活、最贴近群众的方式展现给读者。希望这些图书能被小读者喜欢，也希望后续品种能越做越好，力求在气象科普宣传战线上出现越来越多的精品图书。

最后，愿借写此《序》之机，希望广大气象工作者认真奉行“以人为本，无微不至，无所不在”的气象服务理念，重视气象科普工作；广大气象科技人员能够多花点时间，创作更多的气象科普图书；气象出版社组织更多的力量，多出气象科普图书，特别是多出精品，常出精品。通过各方面的持续努力，一定会使气象科普根深叶茂，兴旺发达，为人民安全福祉做出新的更大的贡献！

愿气象科普之花在神州大地盛开，芬芳四溢，香满人间！

郑国光

2009年8月1日于北京

前 言

随着森林村的名气越来越大，想来森林村居住的动物也越来越多，有大型动物，也有小动物，但都是一些表面看起来很温顺的动物。所以，村里原来的居民对新居民的加入都很欢迎，人多热闹嘛。

但是居民一多，不同的习性，不同的性格，在日常生活中，就不可避免地会产生这样或者那样的矛盾，遇到脾气好的动物，大家沟通一下，矛盾就化解了；碰到脾气暴躁的动物，就很有可能发生打架斗殴等刑事案件。不过，动物们常常会碰到一些不是因为动物间闹矛盾发生的案件，而是由于其他原因引发的，叫人摸不着头脑的离奇案件。

为了森林村的和谐与平安，村里特意建立了侦探所，负责人就是最安分守己，并且极其聪明的贝贝狗。他的助手是虽然顽皮，但同样遵纪守法的小狗球球，法医是知识渊博的白猫咪咪。森林村还为侦探所特意配备了一辆汽车，司机是贝贝神探的好朋友小乌龟宝宝。

森林村常发生的那些不明原因的案件，经过贝贝分析之后，认为从表面上看很多都是气象原因引发的。但是，让他更深入地去分析这些原因，他又说不清楚。因此，森林村决定派贝贝到气象学院学习刑侦气象学，掌握如何利用气象知识来破解那些不是人为的，而是气象原因造成的案件。

半年的学习时间很快就过去了，贝贝通过认真学习，掌握了利用气象知识破案的本领，不仅侦破了发生在森林村的一系列错综复杂的案件，也为自己赢得了“神探”的美誉。

朱应珍

2011年10月1日

目 录

雨中自动射击的手枪

积雪融化杀死了大蝴蝶

致命的天气变化

果园失火案

降水多导致果树减产

气压变化让小白兔输了比赛

雨中自动射击的手枪

飞来的子弹

上午，森林村的天气还很晴好，可午后，天空便乌云滚滚、**电闪雷鸣**起来，很多小动物都被突然出现的雷电吓得够呛，纷纷躲在家中不敢出门。贝贝神探和球球也待在办公室，贝贝神探正在**专注**地看《福尔摩斯探案集》，球球正在把照相机内的照片拷贝到计算机的硬盘里。

不知过了多长时间，电闪雷鸣都停止了，只有哗啦啦的雨声在提醒居民，雷阵雨天气还没有结束。突然一声痛苦的大叫声惊动了森林村的居民，大家冒雨站在家门口仔细聆听：这**痛苦之声**来自何方？

球球听了一会儿，便跟贝贝神探说：“好像是恐龙西西的声音。”

“嗯，好像是。不知发生了什么事，我

们去看看吧。”

咪咪法医背着急救箱，和贝贝神探、球球一起坐上乌龟宝宝的汽车朝恐龙西西的家驶去。恐龙西西的家在森林的边上，离西西家愈近，叫声愈明显。没错，**痛苦**的叫声确实出自恐龙西西之口。

来到西西家，贝贝神探他们推开房门走进去，只看见恐龙西西躺在地上，在他身边的地上有一摊**血迹**。看见贝贝神探来了，西西停止了叫喊，只是默默地流着眼泪。贝贝神探走到西西的跟前，询问发生了什么事，咪咪法医则在西西的身上寻找流血的地方，只见西西的尾巴中间破了一个**大洞**，血流不止。咪咪法医赶紧用消毒水清洗伤口，然后上了止血粉包扎起来，并给西西注射了一支破伤风疫苗和一支消炎的特效针。球球则用相机把屋内的摆设及西西的伤口全都拍摄下来。

贝贝神探坐在西西身边询问：“你是什么时候受的伤？”

“在电闪雷鸣停了以后，过了一会儿，突然从窗户外面射来一颗子弹，正好射中我的尾巴。”

“当时你看见窗户外面有什么吗？”

西西摇摇头：“没看见有什么。当时雨声很大，大家可能都躲在家里没有出来。”

“那你在干什么？”

“我正在锻炼身体，正好把尾巴举起来练倒立时，**枪声**就响了。”

贝贝神探和球球走到窗户前查看一番，窗台上什么**痕迹**也没有。贝贝神探回过头来问西西：“你这扇窗户是什么时候打开的？”

“我的窗户一年四季都是开着的，我这儿没什么宝贝担心被别人偷，而且我也不怕冷，喜欢空气流通一些。”

贝贝神探想了一下又问：“你每天什么时间在家锻炼身体？”

“我每天都是午睡起床后，在家锻炼；早晨出门锻炼。我这么胖，不锻炼都快走不动了。”

贝贝神探**眉头一皱**：“有谁知道你下午会在家锻炼身体？”

“知道的人可多了，只要是森林村的居民都知道。”

球球继续在房内仔细查找，在西西锻炼身体时靠得较近的墙上他找到了一个弹孔，弹头就在洞里。球球把弹头挖出来装进证物袋，并把这些都拍了下来，还站在门边拍了一张整个室内的全景照。

球球把屋内该拍摄的东西都拍摄完后，就走到屋外，把屋子周围的东西也都拍了照，然后走进来对贝贝神探说："室外没有发现有价值的线索。"

贝贝神探对西西说："你再好好想一想，是不是和谁结了仇，有谁平时威胁过你。"

"谁都知道我是大好人，从没有和森林村的动物发生过矛盾，应该不会有谁想害我。是不是有谁偷猎动物时，子弹误射到我了。"

贝贝神探拍拍西西的背："别着急，慢慢想。明天再告诉我行吗？"

"那好吧，我睡觉时躺在床上再好好想一想。"

“睡觉时一定要关好房门啊！”贝贝神探不放心地关照西西，西西听话地点了点头。咪咪法医看西西行动不方便，便放下急救药箱，帮西西把窗户关好。

贝贝神探一行离开西西的家，并帮他关好房门，又在周围仔细查看了一遍，特别是到子弹射入方向的森林里仔细查看了一番。还是贝贝神探心细，他在正对着西西那扇窗户的大树周围及树干上用**放大镜**认真地查看，果然在那棵大树离地面1米左右高的树干上发现了一点被火药灼烧的**痕迹**，并且还能模糊地看到树干上有被重物砸过的痕迹，可是树下却没有足迹。他用激光手电朝树上照过去，发现有一根新断的**小树枝**。于是，让球球把这一切都拍摄下来，回办公室再仔细研究。

谁打伤了恐龙的尾巴

晚上，贝贝神探把数码相机拍摄的照片存到计算机上，仔细地进行分析，他在室内的全景照上用尺子量了一下，不错，子弹应该是从森林中那棵大树上有火药痕迹的地方射出的，然后沿着一条直线，直打到嵌有子弹头的墙壁。那么，是谁要置西西于死地呢？那么大的雷阵雨天气，有谁敢跑到森林里去杀人呢？

贝贝神探把在大树那边拍摄的照片调出来，用放大镜仔细查看，树干上有灼烧痕迹的地方离地面最多只有1米高，从这里分析，应该是有人站在树下开的枪，可是树下并没有留下任何足迹，即使再走远一点也没有找到任何足迹。

这怎么可能呢？树上有火药留下的痕迹，地上却没有足印，难道是隐身人开的枪？这是绝对不可能的。如果是谁爬到树上开枪，树干上也应该有攀爬过的痕迹，可是树干上任何攀爬的影子也找不到。

贝贝神探拿起放大镜在有灼痕的树干上仔细查看，哎，好像上面有一条模糊的、细细的**印迹**，这儿似乎曾经拴过绳子。他想再到森林里去查看一下，可是出门一看，天已经很黑，时间不早了，还是休息一下，明天再说吧。

天亮以后，贝贝神探和球球又来到西西的家，球球去走访**左邻右舍**，贝贝神探则直接到西西家去。

贝贝神探敲门以后很久没有听到室内有动静，不禁吓了一跳：难道西西被害了？贝贝神探又用力敲了几下门，如果再没有人开门，他就准备**破门而入**了。这时，里面传出来一点响动，贝贝神探迅速掏出小巧的激光枪守在门的一边。门开了，西西站在门边。贝贝神探朝西西身后看了看，里面与昨天一样，并没有**打斗**的迹象，这才把枪收起来问西西：“怎么等了这么长时间你才来开门呀？”

“我的尾巴很痛，行动不方便。”

贝贝神探走进房内，见四周的窗户都关得很严实，这才松了一口气。贝贝神探找了一把凳子坐了下来，让西西斜躺在地毯上以减少疼痛。还不等贝贝神探开口问，西西便抢着说开了：“昨天我想了很久，觉得我没有得罪谁，应该不会有谁想害我。”

贝贝神探问西西：“有没有和谁争抢过食物？”

“没有，我吃的是**蕨类植物**，这里没有谁和我争。”

“有没有和谁产生过什么误会？”

“没有，我做事向来是很讲良心的，从不干对不起别人的事。遇见不公平的事，我还会出面干涉一下。”

贝贝神探想了一下：“那你在出面干涉

时，有没有发生过和谁打架的事？”

“这倒是有过。不过，我打的都是不讲道理的家伙。因为跟他们讲道理他们不听，我才动手教训他们的。”

“难道他们不会恨你吗？”

“不会的。因为过后我就会去向他们道歉，并且跟他们讲道理，然后大家就和好了。”

这时，球球走了进来，他已经走访完西西的左邻右舍。贝贝神探对球球说：“就在这儿说吧。让西西一起听一听，看看能不能帮助他回忆起什么事情来。”

球球点点头：“我走了一圈，大家都说西西是个大好人，也是一个爱打抱不平的佐罗。”

西西笑着说：“谢谢大家给我这么好的评价。”

球球摆摆手：“大家还说，谁想害这么

个好人，真是**罪不可赦**。”

贝贝神探问：“他们有没有看见谁在下雨前后到过森林？”

“下雨前，很多动物都在森林里面玩，雷阵雨快来时，天空黑黑的，像夜晚一样，吓得大家都冲出树林朝家里跑。随后便电闪雷鸣、**大雨滂沱**，这个时候大家早就躲在家里，谁也不会在外面乱跑。下过雨之后，也没有看见谁去过森林。”

“那下雨前，都有谁去过森林？”

“那就多了。有红猩猩告告、蚂蚁南南、燕博士、梅花鹿北北，还有很多很多其他动物。”

“左右邻居有没有看到，谁到过离西西家窗户最近的那片树林？”

“嗯，好像有人看见告告在那棵大树下玩了很久，看到天要下雨时才跑开的。”

贝贝神探俯下身体问西西：“你和告告

有**矛盾**吗？”

“我和告告打过几架。都是因为他欺负小猴子或其他小动物时被我发现，我每次劝他停下来，他都不听，所以才打的他。但每次打过之后，他都认了错，所以我们很快就和好了。”

贝贝神探抬起头来：“球球，你还有哪些信息？”

“雨停了以后，有人在森林东边看见告告从树上爬下来。”

贝贝神探对西西说：“好了，今天就到这里，你注意关好门窗，以免发生意外。还要注意好好休息。”

雨后手枪自动射击

贝贝神探和球球离开西西家后，便一同来到**气象观测场**。贝贝神探打开计算机查看森林村昨天的气象资料。昨天的雷阵雨持续了1个小时，降雨量达到25毫米，已经达到大雨的水平了。查完资料要离开时，刚好与正点观测完的蜜蜂中中相遇，当听说是来查看昨天雷阵雨的资料时，中中惊讶地说："这场雷阵雨怎么会有这么多的人来关心呀！"

贝贝神探一听就警觉起来："还有谁关心过？"

"还有告告呀。昨天上午他就来问过，下午会不会下雨，什么时间下雨。"

贝贝神探点点头，谢过中中后，便和球球离开观测场，来到森林南边那棵距离西西家窗户最近的大树下，用放大镜仔细检查树干，果然在灼痕处有细绳子拴过的印痕。贝贝神探把显影液喷射到树干上，几个足迹清楚地显示出来，球球抓紧时间把这些足迹印痕拍摄下来。他们又扩大范围在周围细心地查找，在不远处发现了一个热水瓶塞，贝贝神探让球球把塞子放进证物袋，球球困惑地说："其实，昨天我就看见了这个软木塞，还以为是一个废木头，想不到也是**证物**。"

回到侦探所，球球把软木塞和照片交给了咪咪法医，很快得知照片上的足迹是红猩猩告告的。看到这个结果，贝贝神探原打算让球球去把告告带过来，后来一想，决定和球球一起去告告家，并让球球穿上**防弹衣**，带好激光枪。当他们走到离告告家还有20米远的地方时，告告就满脸堆笑地走了出来："啊，欢迎！欢迎！贵客莅临不知有何贵干？"

贝贝神探也笑着说："想请你带路，到森林里玩一会儿。"

"想不到贝贝神探今天这么空闲，要到森林里去玩，好呀，多运动有利于健康嘛！不过，我对森林不是太熟悉，你们最好还是请别人带路吧，那样可以到更多又好玩又有趣的地方，我带路可能会让你们失望。"

雨中自动射击的手枪

贝贝神探拍拍告告的肩膀，笑着说："能者为师，知者为向导。你肯定要比我们更熟悉森林，就麻烦你带一下路吧。"

告告看实在**没法推辞**，就说："你们在外面等一下，我进去换双鞋子就来。"说完就随手关上房门。过了好一会儿，告告才打开房门走出来，球球看了一下告告的衣着，好像跟刚才看见他时的衣着没什么区别，就回头看了一眼贝贝神探，贝贝神探**不动声色**地微微点了一下头。

告告和贝贝神探、球球一起上车朝森林驶去，当看见汽车一直朝森林的南边开时，告告好像有点坐不住了："我们这是去哪儿？要逛森林最好从东边进去，那儿有海、有树、有岩石，特美。"

球球说："从南边进去，能看到大片的果树、蕨类植物，更美。"

告告不吭声了，他在座位上动来动去，很不安的样子。汽车就这样一直开到森林的南边，在距离西西家不远的地方停了下来。贝贝神探和球球都下了车，而告告却坐在车上不动窝。

贝贝神探拍拍告告的手："你这个导游怎么不下车？我们还等着你带路呢。"

告告无可奈何地下了车，在前面带路，但他却**故意**不从那棵大树下经过。贝贝神探叫住他："那棵树长得很高大，我们过去看看吧。"

告告看见贝贝神探和球球朝那棵大树走去，只好跟在他们后面来到大树下。贝贝神探指着树上有绳子**痕迹**的地方问告告："告告，你说谁会在这儿拴东西呢？"

告告看也不看说："我哪儿知道，总归有用处才会拴吧。"

"那你会拴吗？"

"我在这儿拴绳子干什么？你真会开玩笑。"

"那我告诉你，在树干上拴绳子时留下

的足迹就是你的。球球，逮捕告告。”

告告一听就想往树上爬，球球跳起来将他压在身下。可是，告告**身高力大**，掀开球球跳起来躲在大树的后面，掏出手枪对着贝贝神探就是一枪，幸好贝贝神探和球球身上的防弹衣具有高弹性能，能把射过来的子弹反弹到开枪人的身上。

告告射过来的子弹虽然打中了贝贝神探，但贝贝神探却**毫发无损**，而反射回去的子弹正好射中告告开枪的手，手枪落在地上。告告大叫道：“你们为什么要逮捕我？”

贝贝神探指着地上的手枪说：“因为你开枪打了恐龙西西。”

告告跺着脚说：“有什么证据说是我开的枪，昨天下雷阵雨时，我躲在家里没有出门。”

球球指着告告：“你的话就是证据。我们还没说时间，你怎么就知道是雷阵雨时开的枪呢，不是你开的枪还会是谁？”

贝贝神探说：“没错，下雨时你是没有出门，但下雨前，你到这片森林来过没有？”

“当时很多人都到森林里来玩，这儿很凉快，来乘凉也不行吗？为什么要抓我，不抓别人？”

球球上前用**手铐**铐住告告的双手：“抓你肯定是有道理的。”

“你们有屁道理。”

贝贝神探说：“别着急。昨天上午你到气象站了解天气情况了吧？”

“难道问天气也有罪？”

“问天气是没有罪。但下午下雷阵雨前，你来到这棵大树下，将手枪捆在树干上，枪口正对着西西每天**锻炼身体**的位置。”

“捆一把枪有什么罪，那是为了好玩。快要下雷阵雨时，我已经跑回家了，并且在森林里玩的动物都跑回家了，没有谁在这儿开枪，怎么可能发射出子弹？我看这是西西

自己玩的苦肉计。”

贝贝神探笑了一下：“你在手枪扳机处放了一个大小刚好的干软木塞，下雨后，软木塞吸水膨胀，就触动了扳机，早已装在枪里的子弹从开着的窗户射向西西。幸好西西这时正在倒立，所以只射中了尾巴。若是西西站在那儿，可能性命就不保了。”

告告凶巴巴地说：“你一派胡言，你说的枪、软木塞和绳子在哪儿？”

“降雨结束后，你偷偷溜了过来，把枪和绳子拿回去了，而留在地上的软木塞你却没有拿走。”

“那为什么树下没有我的足迹？”

“你有爬树的特长，你是从树上爬过来的。你捆枪时是把绳子的一头拴在上面的树枝上，开枪时的震动，把这根小树枝都震断了。你是站在树上把枪和绳子取走，再从树上逃跑的。因为你不敢在地上行走，所以没有拿走软木塞。”

告告把头一歪：“你有什么证据？”

贝贝神探指着地上的枪：“这就是证据，并且雨停后，有目击者在森林的东边看见过你。”

随后贝贝神探又从口袋里拿出咪咪法医对软木塞的检查报告单：“我们还在软木塞上查到了你的指纹。你还有什么好说的？”

告告还想**狡辩**：“那你说我干吗要杀西西？”

“因为他多次阻止你残害小猴子的行为，并且用武力制服了你。所以你怀恨在心，想杀害他。”

告告这才无言地低下了自己的头。

积雪融化杀死了大蝴蝶

森林村的舞蹈冠军死了

春天来了，积了一冬的雪终于融化了。说实话，去年这个冬天可真冷，就连身子硬朗，强壮耐寒的恐龙西西都嫌冷，真是几十年难遇的寒冬，天天下雪，山里的积雪有1米多深，连续三个月都没人进山了。

天气渐渐暖和起来，山上的树开始萌发出小绿芽，草地上也长出了小小的嫩草。梅花鹿和山羊高兴坏了，他们每年开春时节都喜欢去踏青，这时候山野的空气最新鲜，放眼望去，漫山遍野嫩绿的植物，真让人心旷神怡。

这天，梅花鹿北北和白山羊相约一起去山里游玩，他们一边走，一边品尝新鲜的小草，玩得可开心了。可是，当他们爬过一座小山，来到一个山谷处时，眼前的景象把他们吓得腿肚子都发软了。只见山谷中一棵孤零零的大树下，吊着一只大蝴蝶的尸体，硬邦邦的尸体在春风的吹拂下，不停地摇来摆去，好像在向他们招手似的。两人踏青的兴趣顿时消失得无影无踪。他们回过头来不管三七二十一先爬上小山，再连滚带爬地下山朝森林村跑去。

刚跑进村子，他们便气喘吁吁地一屁股坐在村边的石凳上，又过了好一会儿才缓过神来，又一口气奔到侦探所。贝贝神探正在门前散步，看见他们两个受惊吓的样子，赶快把他们迎进办公室。

贝贝神探说：“别着急，慢慢说。”

北北摇摇头：“不得了，山谷杀人了。”

“谁杀人？”

山羊赶快抢着说：“不是山谷杀人，是山谷里有人被杀了。”

“你们慢慢说，说清楚一点。”

北北声音**颤抖**着说：“今天我们去山上踏青，才爬过一座小山下到山谷，就看到一棵大树上吊着大蝴蝶的尸体，好可怕！”

贝贝神探问：“你们上前看了吗，是尸体吗？”

“谁敢上前看，我们只敢站在远远的地方看，但可以清楚地看见大蝴蝶已经硬邦邦地挂在那儿，风吹过去，好像一片挂在树上的大树叶一样**晃来晃去**的。”

贝贝神探点点头说：“这样吧，你们现在给我们带路，我们一起去看看好吗？”

北北后退了几步：“我不去，吓死人了。要去，山羊去。”

山羊点点头：“行，我给你们带路吧。”

贝贝神探和球球带上侦案工具，和山羊一起坐上汽车朝小山驶去。由于山上是没有路的，所以汽车开到山脚下就停了下来，由山羊带路朝山上爬。他们沿着刚才山羊和北北走过的路，先爬上一座小山，随后下到山谷。刚到山谷，他们就看见了那棵大树及树上挂着的大蝴蝶的尸体。球球先从远处把这一切都拍摄下来，然后才朝大树走去。到了树下，球球把周围环境及大树仔细拍了一遍，贝贝神探则在大树和周围寻找**可疑之**

处，但什么也没找到。

贝贝神探让山羊帮忙，把大蝴蝶的尸体从树上的绳索中放下来，大蝴蝶的身体确实已经硬邦邦了，她的死亡时间至少在一个月以前。球球从不同角度对大蝴蝶进行了拍照，然后将尸体放进了装尸袋，并把那根吊过大蝴蝶的绳索装进了证物袋。

贝贝神探在树干上仔细检查了一遍，并且喷洒了变色显影液，但没有发现有价值的线索。大树周围的土地因为积雪的融化，显得有些潮湿，地上已经长出绿油油的小草，没有被践踏过的痕迹。环顾山谷的四周，静悄悄的，一切都好像还没有完全从冬眠的状态中清醒过来。贝贝神探觉得再寻找下去也没什么意义，便决定返回侦探所。回到侦探所后，他们就把尸体直接送到咪咪法医的办公室。

贝贝神探握着山羊的手说：“谢谢你的帮忙。”

山羊说："这是森林村每个居民应该做的，千万别说谢字，有事尽管吩咐。我现在先回家行吗？"

贝贝神探把山羊送到大门口："慢走，真的十分感谢你。"

很快，咪咪法医就把尸检结果送来了，大蝴蝶身上没有任何外伤，死亡原因是**窒息**，也就是被绳索吊死的。尸体解剖后还发现了一个问题，在大蝴蝶的左腿上有一个肿瘤，是恶性的，已经到了晚期。

贝贝神探问："那根绳索检查过了吗？上面有指纹吗？"

咪咪法医把一张写有检查结果的纸递到贝贝神探的手中，上面写着绳索上只有一个动物**指纹**，就是大蝴蝶自己的指纹。看完检验结果，贝贝神探若有所思，他皱着眉头在办公室走了几圈后，决定前往大蝴蝶的家中去探望一下。

贝贝神探和球球走出侦探所，来到蝴蝶

们居住的菊花园，只见大蝴蝶的姐姐坐在家门口放声大哭："妹妹你真是命苦呀，是谁这么狠心要害死你呀。"

看见贝贝神探走过来，蝴蝶姐姐迎上前去抓住贝贝神探的手："神探，你可要为我妹妹报仇，把杀害她的凶手抓出来呀！"

贝贝神探拍拍蝴蝶姐姐的手说："别着急，咱们先坐下来谈谈，好吗？"

蝴蝶姐姐把贝贝神探他们迎进了自己的家门，因为大蝴蝶一直是和姐姐住在一起的。走进房屋内，只见房间的墙上到处挂着大蝴蝶跳舞的照片和得到的**奖状**。

蝴蝶姐姐指着墙上的照片和奖状："你们看，我妹妹多漂亮，舞跳得多好，得了这么多的奖。她可是我们森林村的**舞蹈冠军**，没有谁能跳得过她。谁知她这么年轻，这么有前途，会被别人给害死。"说完，又放声大哭起来。

贝贝神探**安慰**她一番，又问："你妹妹平时跟谁发生过口角和矛盾吗？”

“没有，我妹妹脾气可好了，每天只知道跳舞，哪顾得上与人吵架。”

“别着急，慢慢想。等一会儿我们再过来。”

谁害死了舞蹈冠军

贝贝神探和球球走出蝴蝶的家，打算去走访周围的邻居，希望能从他们口中找到线索。他们来到白蝴蝶的家，白蝴蝶正在打扫卫生，当问及大蝴蝶的情况时，白蝴蝶伤感地说：“我已经很久没有看到过她了。在下雪的第二天，我在家门口看到过她，还与她讲了几句话，没想到这竟是最后一面。”

至于谁讨厌大蝴蝶的问题，白蝴蝶认为大家都喜欢她，因为她的舞跳得棒极了，森林村的人都喜欢看她跳舞。

贝贝神探问：“难道没有人**嫉妒**她

吗？”

“羡慕她的人很多，有没有**嫉妒**她的人我就不太清楚了，不过人家会跳舞是天赋，天生就没有跳舞基因的人，嫉妒人家也没有用。不过，我想，有一个人应该比较嫉妒她。”

“谁？”

“就是她的姐姐呀。蝴蝶姐姐总是说她妹妹就是因为运气太好了，才会当上舞蹈冠军。如果自己的运气好一些，说不定冠军就是自己的了。”

“她恨妹妹吗？”

“嫉妒心是有的，恨可能还谈不上吧。”

“她们姐妹俩平时**吵架**吗？”

“很少见她们吵架。”

贝贝神探谢过白蝴蝶，又来到花蝴蝶的家中。当贝贝神探问起大蝴蝶的事，花蝴蝶流下了眼泪：“我已经听说大蝴蝶妹妹的事了，真可怜。不知道谁会去害这么可爱的姑娘。一想到以后再也看不到她跳舞了，真的很伤心。”

贝贝神探问：“你最后看到她是什么时候？”

“是在天气变冷了以后，好像是元旦那天，对，没错，就是元旦的那天晚上。那天，大蝴蝶妹妹到外地去演出了一天，傍晚才回来。回来时好像心事重重的，看她的眼睛似乎哭过，我跟她打招呼，她连头都没有抬。”

“从那之后，你有没有再看到过她？”

“对了，在下大雪的第二天，我看见她向森林村外走去，走几步就回头看一眼，好像恋恋不舍似的。”

贝贝神探谢过花蝴蝶后，和球球回到了办公室，把咪咪法医也叫了过来。贝贝神探问咪咪法医：“大蝴蝶腿上的肿瘤是恶性的，还是良性的？”

积雪融化杀死了大蝴蝶

“是恶性的。唯一的治疗办法就是锯腿。”

贝贝神探瞪大了眼睛：“把腿锯掉，那不是再也不能跳舞了？”

“那是肯定的。少了一条腿走路都困难，更不要说跳舞了。”

“她这个病是什么时候患上的？”

“应该有好几个月了。记得是在元旦前后，有一天她从外地演出回来，找过我一次，咨询恶性肿瘤的事。”

“她说没说是她自己得了这个病？”

“没有。她说是一个朋友腿上长了肿瘤，很伤心。”

“她有病，为什么不肯告诉别人呢？”

“你不知道，她是一个追求完美的人。当得知自己患上这种不治之症，只有锯腿时，肯定很绝望。”

贝贝神探点点头：“我明白了。她连死的方法都做得很完美。”说完，就让球球去把蝴蝶姐姐及她的邻居都请到侦探所来。

当蝴蝶姐姐及其邻居都到齐以后，贝贝神探向大家宣布：舞蹈冠军大蝴蝶是**自杀身亡**的。

蝴蝶姐姐“咚”的一声站了起来：“我不信，我妹妹怎么可能自己爬到大树上，自己把自己吊死。肯定是有人杀害她！”

贝贝神探走到蝴蝶姐姐的跟前：“别着急，你妹妹是什么时候离开家的？”

“是下大雪的第二天。”

“你妹妹失踪了这么多天，你为什么不来报案？”

“她说要到外地学习跳舞，我怎么会来报她失踪呢？”

贝贝神探回到自己的办公桌前：“大蝴蝶走的那天，已经降了两天**大雪**，她来到山谷，由于山谷的地势低，两边山坡上的积雪会顺着山坡滑下去，所以山谷内积雪比较深。我查了一下降雪资料，那两天的降雪量很大，平地上的积雪厚度达到了10厘米，而在山谷里的积雪厚度至少有**30厘米**。”

“下不下雪跟我妹妹有什么关系？”

贝贝神探挥挥手：“别着急，先听我慢慢说，大蝴蝶把地上的积雪在大树下堆积起来，堆成了一个大雪球。”

蝴蝶姐姐说：“我妹妹不可能跑到山里去堆雪人的。”

贝贝神探摇摇头：“大蝴蝶不是去堆雪人玩，而是站到雪球上，把自己吊在大树的树枝上。”

蝴蝶姐姐急得直跺脚：“不可能，不可能！她的腿那么细，根本踢不动一个大雪球，怎么可能自杀呢？”

“但只要雪球融化一点，她就会被绳索吊起来。随着天气变暖和，雪球全部**融化**了，所以地上没有留下任何痕迹。”

蝴蝶姐姐哭了：“不会的，我妹妹为什么要自杀？”

“你平时没有发现你妹妹走路有点不太自然吗？”

“没有呀。跳舞是一件很辛苦的事，有时累得腿痛应该是很正常的，所以即使看到她走路有点不太自然，我也不会过问的。”

“你这个姐姐真是太粗心了。你妹妹腿有病，你不管不问，她感到没有人关心自己，所以**绝望**地自杀了。”

“你胡说，我不信！”

贝贝神探让咪咪法医把尸体解剖结果拿给蝴蝶姐姐看，她看了一眼，一下子坐在地上大哭起来：“傻妹妹，你有病干吗不告诉姐姐。虽然姐姐平时很嫉妒你的成就，可我们是亲姐妹，你有病，我一定会好好照顾你的。你不该走这条**绝路**呀！”

坐在旁边的蝴蝶都默默流下了伤心的眼泪。

致命的天气变化

小狗龙龙死了

俗话说“春天孩儿脸，一天变三变”真是很有道理的，这上午还是阳光明媚、暖洋洋的天气，临近中午时，天空的云就开始多起来了，随后一阵阵的**北风**越刮越厉害，气温刷地一下直往下降。森林村的小动物们纷纷跑回家去添加衣服、关闭门窗。

一阵北风过后，天开始下雨了，这雨从头一天的下午一直下到第二天的凌晨。早晨随着云彩慢慢地散去，太阳出来了。虽然早晨的气温还比较低，但随着太阳的升起，气温逐渐升高，白天的天气又变得**暖和**起来。

小动物们纷纷走出家门，有的到森林里散步，有的到小河里钓鱼，还有的到村外踏青、采花。蜜蜂和蝴蝶则在花丛中跳舞、采花粉，个个都兴高采烈。

小狗肥肥来到海边的沙滩上，他一边打滚，一边追逐在沙滩上**四处横行**的小螃蟹。追着，追着，肥肥停住了脚步，他环顾四周，想找自己的好朋友小狗龙龙一起玩，却没有找见。

这么好的天气，不到沙滩上玩一玩，那就太傻了，不行，得去叫他来和自己一起玩，他要是不想出门，拖也要把他给**拖出门**。

这样想着，肥肥一溜烟地朝龙龙家跑去，到了龙龙家门口，却怎么也敲不开门。肥肥着急地使劲用脚踹门，但还是听不到里面有什么动静。肥肥又来到屋后的窗户下，窗户是关着的。他从窗户的缝中看到龙龙躺在床铺上，一只手抓着自己的喉咙，样子很**古怪**，身体一动也不动。肥肥吓坏了，赶紧跑到侦探所去找贝贝神探。

听完肥肥的讲述，贝贝神探和球球叫上咪咪法医坐上宝宝开的汽车，赶赴龙龙的

家。来到龙龙的家门口，球球戴上手套，掏出激光开锁器，很快就把房门打开了。贝贝神探让肥肥留在门外，自己和球球、咪咪法医一起走了进去，**小心翼翼**地不碰任何东西。咪咪法医走到床铺边准备对龙龙施救时，发现龙龙已经死亡，他的脸色略带紫色，看样子，好像是**非正常死亡**。球球帮助咪咪法医把龙龙的尸体装进装尸袋，抬上汽车。贝贝神探则在房间里到处查看，收集有用的物证。

刚进门时，贝贝神探就觉得房间里味道很重，这时他注意到房间的窗户是紧紧关闭的，加上房门也关得紧紧的，室内的空气完全不流通，所以空气质量很差。这时球球也加入到贝贝神探的搜查工作中来，可是，他们仔细检查了一遍，没有发现什么异常的现象。

在龙龙床铺边的床头柜上，有一个盛了小半杯水的杯子，贝贝神探让球球小心地装起来带回去。因为从龙龙的脸色看好像是中毒死亡的，所以贝贝神探特别注意饮料和食物。在龙龙的食品柜中，他们发现了一些肉干和骨头，球球把这些食物全都装进证物袋，准备带回去检验。

贝贝神探用三维激光扫描仪在房间里到处扫视了一遍，就连床下的各个角落及房间的犄角旮旯都没有放过。但房间里除了龙龙的足迹和指纹外，并没有其他外人来过的痕迹。看看室内再也找不到有用的线索，贝贝神探便让宝宝把证物和龙龙的尸体送到咪咪法医的工作室，让咪咪法医做进一步检查，看能不能找到有用的线索。

宝宝走后，贝贝神探和球球围绕着房屋开始搜查，可是除了在后窗户的地上找到肥肥刚才留下的足迹外，再没有其他印迹。贝贝神探和球球来到左邻右舍家中，但由于天气晴好，几乎所有的大门都是关闭的，大家都到森林和海边去游玩去了。

贝贝神探和球球、肥肥一起来到海边，看见很多动物躺在沙滩上晒太阳，有的小动物则在追逐螃蟹，一片欢乐的景象。肥肥把贝贝神探和球球领到龙龙的邻居小狗胖胖的跟前，打听龙龙的事。听贝贝神探问起龙龙的情况，小狗胖胖仔细回忆头天发生的所有事情：“昨天，龙龙本来在我家玩的，一看刮起了北风，就**吓得够呛**，赶紧往家跑。我跟着他跑出来，见他一进门就关门关窗。也不知道为什么他这么怕刮北风。”

“后来你看到过他吗？”

“龙龙躲进房间后，好像还没有走出过房门，我也就再也没有见过他。”

“你有没有看见有谁去找过他？”

“天气**突然**变得很冷，大家都回到家里，谁愿意在外面喝西北风呀。”

贝贝神探点点头：“那就是说，没有人找过龙龙啰。”

胖胖也点点头：“没错，我没发现有谁找过龙龙。”

再问到其他的问题，胖胖也答不出来。贝贝神探还想找龙龙其他的邻居**询问情况**，可是，海滩上的动物太多了，一下子很难找到他们。于是，贝贝神探谢过肥肥后，就和球球一起回到侦探所，准备晚上再找龙龙的邻居了解情况。

龙龙是谁害死的

太阳落山以后，贝贝神探和球球来到龙龙的左邻右舍家。他们想了解龙龙是否与人结仇，但是大家都说龙龙的脾气可好了，他跟谁的关系都很好，见了谁都三分亲。至于跟大家相比，他跟谁的关系比较不好呢？大家反映龙龙不太喜欢大狗花花，每次见到花花他都会绕道而行。

听到大家的反映，贝贝神探决定找花花谈一下。花花这时正在树林中散步，贝贝神探没费什么劲，很快就找到了他。当贝贝神探问道他与龙龙的关系时，花花不好意思地摸摸自己的脑袋："龙龙可能有点怕我。"

"为什么会这样？"

"有一天傍晚，我在龙龙家不远的地方散步，远远看见龙龙朝家里走去，我就躲在墙的拐角处，等龙龙过来时，我大吼了一声，吓得龙龙一下子坐在地上，**又咳又喘**半天才缓过劲来。从那以后，龙龙就不理我了。”

贝贝神探点点头，又问：“昨天下午和晚上你都在干什么？”

“昨天下午，开始天气还不错，我正在这儿散步，突然刮起了北风，因为没穿太多的衣服，怕得感冒就赶快回家了。不信，你可以去问小黑狗，他和我一起住。回家后，我们一起**躲在家里**看电视连续剧《小熊旅行记》，吃了晚饭以后，继续看这部片子，一直看到困得不行了才上床睡觉。由于睡得太晚，今天上午9点钟才醒，哪儿也没有去。”

贝贝神探和球球回到侦探所，咪咪法医正在办公室等他们，饮料和食物的化验结果及尸体的解剖结果都出来了：饮料和食物都是正常的，没有毒，尸体解剖结果显示，龙龙体内没有中毒现象。死亡原因是因为呼吸不畅，导致肺气肿、心力衰竭。

贝贝神探看了结果之后问咪咪法医："平时龙龙来你这儿看过病吗？"

"来过，他有哮喘病史。去年秋天他来开过药，从那以后，就再也没有来过。"

"啊，原来是这样。"

贝贝神探走到办公桌前，打开电脑，登陆森林村气象网，查询头一天的气象观测资料，并随手记下了几个数据，然后让球球发短信把小狗们都找来。

肥肥一进门就叫起来："贝贝神探，是谁害死了龙龙，我要为我的好朋友报仇。"

花花也随声附和，要为龙龙报仇。肥肥瞪了花花一眼："你还好意思说给龙龙报仇，龙龙平时最不喜欢的就是你。不是你害死他的，还会是谁呀？"

花花急得直跳："你不要**冤枉好人**。我也很喜欢龙龙，怎么会害死他。昨天听说他死了，我伤心地流了半天眼泪。”

肥肥把嘴巴一撇：“猫哭耗子——假慈悲。”

贝贝神探赶紧拍拍手，让大家安静下来：“大家不要吵了，龙龙是病死的。”

肥肥大叫道：“不可能，昨天刮北风之前，龙龙还是好好的，我们在一起**聊天**，聊得可开心了。”

贝贝神探说："这是有可能的。由于龙龙有哮喘病史，这种病在天气变化剧烈时会发作。"

肥肥还是不信："冬天天气那么冷，龙龙都活得好好的，春天天气开始变暖和了，他反而病死了，不可能的。"

其他的小狗都认为肥肥说得很正确，贝贝神探的结论不可信。

贝贝神探笑笑说："我说的没错。哮喘病人对天气特别**敏感**。当天气由热转凉，或者由凉转热时都容易发病。而当天气已经很冷，或者已经很热时，病情反而比较稳定。"

花花说："是不是说冬季和夏季都比较稳定，秋季和春季比较**容易发病**。"

"对。当气温达到21摄氏度时，发病率就会比较高。我在森林村的气象网上查找了一下昨天的观测资料，昨天中午的气温达到了31摄氏度，下午随着冷空气的入侵，气温一下子降到了21摄氏度。”

肥肥说：“龙龙不舒服可以吃药呀。”

“对。可是龙龙去年秋季犯病时开过药，已经吃完。后来，随着天气转凉，他的病情比较稳定，所以没有再开药。我们搜查他的房间时，也没有找到治疗哮喘病的药。由于没有及时服药，所以才导致病情突然发作而死亡的。”

花花摇了摇头：“难怪那天受到我的惊吓，他又咳又喘躺倒在地上。嘿，想想都后悔，我当时没有吓他就好了。”

肥肥说：“平时看他身体还不错，偶然咳嗽两声，谁也没有在意。早知道，应该多关心他一下，也不会出现这样的悲剧。”

贝贝神探点点头：“今后我们都要注意，有病要早治疗，千万不能把小毛病不当回事。并且也要关注天气的变化，根据天气变化保养身体，这样才有利于身体健康。”

果园失火案

森林村的果树被烧了

今年夏天真热，太阳天天按时上下班，而雨都下岗了，很久没有看到它的影子。森林村的动物们个个**叫苦连天**，幸好村里的小河水是来自山上的泉水，能满足动物们饮水和洗澡用。不然，森林村的日子就更不好过了。

这天一大早，天气就热得让人受不了，恐龙西西迫不及待地跳到海水中泡水，梅花鹿北北也站在浅海水中不停地往自己身上浇水。受**海陆风**的影响，在海边总能感觉到习习的爽风，所以，许多动物都在沙滩上撑起遮阳伞纳凉。有些动物则躲到森林里，在树荫下乘凉。

接近中午时，奔跑迅速的灰色云层突然

布满了天空，紧接着是**电闪雷鸣**，这可把小动物们高兴坏了："太好了，天要下雨了。"

可是，电闪雷鸣都好一会儿了，还不见天空落下一滴雨水。难道这是只叫唤、没有行动的"**干打雷**"。大家又等了一会儿，还是不见雨滴，而雷声和闪电却渐渐停止了，一切又恢复了平静。

动物们个个满脸的**愁容**："这么热的天气何时才会结束，什么时候才会好好下一场雨呀？"

正当大家唉声叹气时，在树上乘凉的猴子东东突然大叫起来："果园着火了，果园着火了。"

大家把目光都转向了果园，果然那棵最高的龙眼树着火了，浓烟伴着火苗直往上空蹿。动物们**手忙脚乱**地你拿桶、我拿扫帚朝果园跑去。幸好果园旁边有一条小河，在大家的**奋力**扑救下，大火很快就扑灭了。

大火扑灭以后，动物们来到小河边洗澡、洗脸，又回到果园，边乘凉边讨论起火的原因。小蚂蚁南南说：“应该去把贝贝神探请来，我觉得这是一起**刑事案件**。”

大家随声附和道：“对，对。快去把贝贝神探请来。”

猴子东东掏出手机给贝贝神探打了一个电话，很快，贝贝神探和助手小狗球球就坐着乌龟宝宝开的汽车来到现场。

贝贝神探到现场一看，到处是一片狼藉，有大火烧过的痕迹，有大家救火时留下的水迹和足迹，想在这其中寻找有用的线索，真是**太难了**。不过，贝贝神探和球球还是对现场进行了认真 的搜查。最先着火的那棵龙眼树周围的地上不仅有枯枝，还有即将成熟的果实，不过经过大火的焚烧及大水的淋浇，都成了**泥浆**。

他们又仔细检查了龙眼树，只见从树根到树顶都已经烧得黑糊糊的，并且树枝和树叶全烧没了，只留下一根烧焦的光树干。龙眼树周围的几棵果树，被烧的全是靠近龙眼树的部分，而且也是树顶上烧得更厉害，下面烧得更轻一些。贝贝神探他们没有找到引发大火的异物，如汽油、火柴、烟头之类的东西。

贝贝神探走到动物中间与大伙交谈，寻找起火的**线索**。

白山羊说："我看应该从不吃水果、草和树叶的动物查起，因为他们不吃这些食物，所以很有可能放火烧毁果园。"

猴子东东支持白山羊的说法："白山羊说得很对，不能排除这种可能。今年虽然天热、少雨，但水果也会因为雨水偏少，糖分含量更高。这种又脆又甜的水果，我们更爱吃，那些不吃水果的动物肯定会**嫉妒**我们的。"

梅花鹿北北说："那大家想想看，有谁可能干这种坏事？"

小猴子这时说话了："听你们这么讲，我想到了一个人。"

白山羊说："你快说说看，是谁？"

"我不敢肯定，也不知道是不是他，也可能是我看错了。"

北北着急了："你真啰唆，又不是叫你破案，只是谈看法，**吞吞吐吐**干什么！"

贝贝神探说："大家别催他。小猴子，别着急，慢慢来。你说看到了谁？"

"我好像看到了狐狸。"

白山羊跳起来："什么？狐狸竟敢又跑回来**捣乱**，在哪里？我们快去抓他。"

贝贝神探按住白山羊："别着急。小猴子，你慢慢说。"

"前天，我爬到树上玩，看见一个影子在森林西边一晃就不见了。看背影好像是狐狸。"

北北说："嘿，一个影子就**疑神疑鬼**，有没有搞错呀？"

小猴子很不高兴地说："我本来就不想说的，是你们催我说的，现在又怪我，我不说了。"

贝贝神探拍拍小猴子的背："没关系，没有人怪你，再说清楚一点。"

"我不说了。"

"别怕，我只是想问清楚到底是怎么回事，不会怪你的。"

"好吧，看在你的面子上，我就说了。前天下午，我爬到那棵龙眼树上采还没有成熟的龙眼吃，吃完后，就抓着树枝**荡秋千**玩。突然，我看到森林西边的树下好像有一双眼睛在盯着我，吓得我够呛。赶快停下来朝那边仔细看了看，只见一个影子从一棵大树后面跑出来，**一溜烟**就钻进灌木丛中不见了。"

"你怎么觉得那是狐狸呢？"

"因为我看清楚了尾巴，狐狸的尾巴很蓬松、很大，上面还有一点黑色。"

白山羊急得跳了起来："没错，那就是

狐狸！”

贝贝神探拍拍山羊的背：“别着急，让小猴子把话说完。”

贝贝神探回过头来问小猴子：“从那以后，你还看见过他吗？”

小猴子摇摇头：“再也没有见过他。”

北北说：“如果真的是狐狸跑回来了，没准是他为了**报复**我们放的火。”

大家七嘴八舌地嚷嚷：“没错，肯定是狐狸放的火。”

贝贝神探挥手让大家安静下来：“别着急。我们还没有**证据**证明是狐狸放的火，现在要请大家帮忙，先找找看，看看狐狸是否真的回到了森林村。不过我得提醒你们一下，真的找到了狐狸，谁也不准打他，记住了没有？”

“知道了！”大家一起回答。

贝贝神探看着天色已近傍晚，便对大家说：“今天大家先回去休息，明天再找。”

谁放火烧了果树

第二天一大早，森林村的小动物们就全体出动，在森林里、山洞内、礁石群中到处寻找狐狸，功夫不负有心人，终于在一个山洞中找到了**骨瘦如柴**的狐狸，恐龙西西和白山羊把狐狸押到了侦探所。

贝贝神探先让狐狸坐下来，并倒了一杯水给他，狐狸一口气把水喝完，连声说了好几个“谢谢”。

当贝贝神探问到他离开森林村以后的生活情况时，狐狸**泪流满面**地说：“我好后悔，原来在森林村不愁吃，不愁住，出去以后没地方住，又经常找不到食物。嘿，我真不该做坏事。”说完，跪在地上不停地对着贝贝神探磕头：“求求你，让我回来吧。我以后一定会做一个好村民的，再也不会干坏事了。”

贝贝神探把狐狸扶到椅子上："你今天吃过饭了吗？"

"不好意思，我已经两天没吃东西了。"

贝贝神探让球球为狐狸端出一盘鸡肉，狐狸三下五除二就吃完了。看狐狸吃完饭，心情平静下来后，贝贝神探这才开始询问："你能告诉我，昨天都干了一些什么事吗？"

"昨天一天我都待在山洞里没有出来，因为肚子饿，又找不到食物，只能待在山洞里喝一些水，所以没劲儿走路。"

球球问："你真的没有出过山洞吗？"

"真的，我不会骗你们的。从上次犯罪被赶出森林村后，我不知流过多少眼泪，天天做梦都回到森林村和大家一起做游戏。想想看，我怎么还敢再做坏事？相信我吧！"

贝贝神探点点头："你住的房子还替你保留着呢，你可以暂时回去住。至于是否同意你回到森林村来，要等全体村民大会讨论后再决定。”

狐狸站起来不停地对着贝贝神探作揖：“谢谢！谢谢！请你们相信我的**承诺**，让我回来吧！”

贝贝神探让西西和白山羊把狐狸送回原来居住的地方。狐狸远远地看见自己原来的住房就开始流眼泪了，看到房屋前的草坪很整洁，周围很干净，狐狸不停地对西西和白山羊作揖：“真感谢森林村的居民，把我的房屋外整理得这么干净，我真是有愧于大家。今后我会努力做一名合格的森林村居民。”

西西和白山羊把狐狸送进家门后，就回自己家了。

贝贝神探则和球球一起把从现场拍摄回来的照片进行仔细的分析，但从照片上实在找不出任何有用的**线索**。贝贝神探打开计算机，登录森林村的气象网，并把这一个多月以来的气象资料全都调出来研究，发现森林村已经有40多天没有下雨，每天的最低气温都在29~31摄氏度，最高气温则在35~37摄氏度，相对湿度大多在20%左右。看了这些资料后，贝贝神探已经**心中有数**了。他让球球通知森林村的居民下午到侦探所的草地上开大会。

下午，森林村的居民几乎全都集中到这块草地上，大家**席地而坐**，互相打打闹闹。可是，当看到贝贝神探走过来时，一下子就安静下来了。

贝贝神探先跟大家问了声好，然后进入正题："我想大家都很想知道果树起火的原因吧。"

大家**七嘴八舌**地叫道："抓到犯罪分子了吗？快把他带到会场，我们要狠狠教训他！"

贝贝神探挥手让大家安静下来："我先跟你们说一组数据。这40多天来，我们这儿没有下一滴雨，每天的气温都在29~37摄氏度之间，相对湿度只有20%左右。”

白山羊站起来说道：“这些资料跟果树起火有什么关系吗？还是赶快把放火的罪犯抓出来吧！”

贝贝神探说：“别着急，火就是老天放的。”

梅花鹿北北也站了起来：“贝贝神探，你什么时候学会了开玩笑？老天怎么可能到森林村来放火呀？”

大家也跟着起哄：“对呀，老天又不是人，怎么可能来放火。真会开玩笑。”

贝贝神探笑着说：“别着急，听我慢慢给你们**分析**。因为天气长时间的炎热干旱，森林中的地上积了很多的落叶。大家都知道，昨天中午出现了雷电天气，闪电使周围的空气迅速升温，高温引燃了这些容易燃烧的树叶，所以就发生了火灾。”

白山羊说：“不可能吧，闪电会引发火灾？”

“全世界每年因为闪电引发的火灾会造成上百人的死亡，每次闪电的**最大功率**可达1000多瓦。”

梅花鹿北北听了，心中惊讶：“哇，这么厉害！我们的电灯才几瓦就很亮了。”

小灵猫想了想：“我用的节能灯泡才5瓦，就已经够亮了。1000多瓦产生的热量真的很吓人啊！”

贝贝神探点点头：“而且，昨天的雷电天气还是干打雷，没有下雨。所以火势才蔓延得比较快。幸好你们发现得早，并及时将火扑灭，否则后果**不堪设想**。”

北北问：“雷电天气不会经常引发火灾吧？”

“据统计，不同地区的森林火灾中有30%~70%是雷电造成的。2003年8月7日，24小时内加拿大西部1700个雷电触发了200多处森林火灾。”

白山羊说：“雷电确实很厉害，看来我们错怪狐狸了。”

贝贝神探点了点头：“我们现在再讨论一下，是否让狐狸回到森林村来居住？他对自己以前犯的罪行已经认真**悔过**了，并保证以后要做个好村民。若同意他回来居住，就鼓掌表示通过。”动物们一起鼓掌，并纷纷站起来看着狐狸。

狐狸感动地站起来不停地向大家鞠躬。

降水多导致果树减产

森林村的果树疯长叶子不结果

去年的秋季真怪，天气像夏天一样热，如果说这就是**秋老虎**的话，那么这个秋老虎可比往年的都要厉害。随着季节进入冬季，天气竟然跟秋季差不多，一点也不冷，大家都觉得这个冬天真舒服，如果年年冬天都这么暖和就好了。

到了今年的春季，虽然降雨的日子越来越多，但气温并不低，**五颜六色**的花朵竞相开放，森林村的动物们可高兴了，只要天气晴好，大家就走出家门，到果园内、森林里和海边到处游玩。日子过得想要多开心，就有多开心。

一天，小猴子来到果园，他特别爱吃水果，所以很关心果树的长势。哎呀，不看不知道，一看吓一跳。怎么果树上只有稀稀拉拉的几朵花。这果树要是不开花，秋季上哪儿去找水果吃呀？

小猴子急了，赶快去找爸爸——猴子东东，东东一听，果园竟然发生了这样的事，自己还蒙在鼓里呢，立即**马不停蹄**地跟着小猴子来到果园。哦，儿子说的情况属实，这时本应该结得满树果实的枇杷树，开满花的芒果树、荔枝树、桃树、李树等，好像果实和花都被大风吹跑了似的，枇杷树上只有稀稀拉拉的几颗果实，其他的果树上也只有很少的几朵花，不过果树的叶子都长得很茂盛。

这下东东也急了，他把喜欢吃水果的梅花鹿、鸵鸟、猩猩等动物都召集到果园，讨论应对措施。大家围着东东坐在草地上，都不知道该怎么办。

梅花鹿北北首先说："你们说，是不是有谁在**捣乱**，故意不让果树结果，想害我们呀？"

小猴子说："不会吧，这结不结果实应该是没有人可以破坏的，是老天安排的。"

北北生气地说："我看不一定，如果有人**故意**给果树施一些不结果实的肥料，说不定果树就不会结果了。"

东东想了想说："我活了一大把年纪了，也没听说过有这样的肥料。北北，是你自己瞎猜的吧？"

北北语气坚决地说："真的有这种肥料，那天我就看到狐狸在给果树施肥，袋子上有'叶面'两个字，肯定是让果树只长叶子、不结果实的肥料。"

东东说："不会吧，狐狸自从回到森林村以后，表现还是很不错的，应该不会再干坏事了。"

北北一撇嘴："一个人的本性是很难改的。狐狸是很**狡猾**的家伙，很有可能表面一套，背地里又来一套。"

东东说："我还是不相信狐狸会害我

们。”

北北一下子站了起来：“怎么不会？他又不吃水果。水果减产只是对我们这些吃水果的动物不利，绝对不会影响到他的饮食。我们没水果吃饿肚子，他**暗地里**高兴还来不及呢。”

东东也站了起来：“要不，我们去找贝贝神探，跟他说一下情况。请他帮我们调查一下，看是不是有人在搞破坏。”

大家都同意这个提议，便一起去侦探所。贝贝神探正在办公室看书，听完大家的议论，他**思索**了一会儿说：“我觉得这个问题比较复杂，它牵涉很多方面的知识，大家先别着急。让我先向有关专家请教一下，同时还要去了解一下狐狸施的是什么肥料。等这些都搞清楚了再说。”

大家想想也只能这样，就走出侦探所大门，分头回家去了。

贝贝神探决定先去找狐狸了解一下情

况，便朝狐狸家走去。远远地就看见狐狸正在外面扫马路。自从狐狸回到森林村以后，清扫村内马路的活几乎都让他给**承包**了，只要天气晴好，就能看见他扫马路的身影。

看见贝贝神探走过来，狐狸赶紧停下手中的工作，走上前迎接贝贝神探：“你好！

贝贝神探，有事吗？”

贝贝神探和狐狸握了握手：“你近来还好吗？”

“很好，谢谢你的关心。”

贝贝神探很快就把**话题一转**：“你近来除了扫地外，还为大家做了什么好事呀？”

“不好意思，我也没做什么事，只是帮果树浇了一下水，施了一下肥料。”

“你帮果树施了什么**肥料**？”

“壳聚糖叶面肥。我在计算机上查了一下，这种肥料是一种很好的生物肥料能让果树结更多的果实，为了让爱吃水果的朋友们吃上很多的好水果，我就特意去买了一些来为果树施肥。”

贝贝神探称赞了狐狸几句，就转身离开了。

回到侦探所，贝贝神探打开计算机查找“壳聚糖叶面肥”，想看看这种肥料究竟是一种什么样的肥料，它的作用是什么？贝贝神探很快就查到，这种肥料富含植物生长所必需的多种**营养元素**，是生产无公害农产品的最佳生物肥料，能增加果树对干旱的抵抗能力，能保花、保果。

贝贝神探看完这些资料，心想：这可是一种很好的肥料，对果树的生长有利而无害。如果狐狸给果树施的就是这种肥料，那的确是在为森林村做好事。

森林村的果树为什么减产

贝贝神探从果树施的肥料着手调查，没有找到对破案有用的线索。他**苦苦思索**了很久，仍然没有头绪，就决定放松一下，先到果园去转转。

来到果园后，贝贝神探先到东东他们提到的那几种果树旁边去看了看，这些果树从外观上看，不像是有病的样子，也没有长虫。叶子长得很茂盛，顶部的枝叶更是长势喜人，看起来要比原来长高了许多，如果不是因为它们是果树，主要任务是结果的话，一般的树长得这么好，应该让人很高兴才对。可它们是果树，只长叶不结果那可真是有点麻烦了。

贝贝神探边看边想，摸摸这棵树，摇摇那棵树，问题究竟出在什么地方呢？对于自然生长的果树，没虫、没病，天气又这么好，冬季不冷，春季雨水充沛，果树反而不结果，到底是为什么呢？谁有这个本事能够控制果树的生长呢？想到了天气，贝贝神探愣了一下，难道是天气的原因？

想到这里，贝贝神探马上回到侦探所，一走进办公室，立刻就打开计算机，登录森林村的气象网，把去年一年和今年开春以来的气象资料，以及正常年份的气象资料全都打印出来，准备好好分析研究一下。

通过分析研究，贝贝神探发现去年秋冬

半年的每月平均气温都比正常年份高出2摄氏度左右，冬季有些月份的平均气温甚至高出3摄氏度以上；而降水量与常年相比，也高出了20%左右。秋冬两季**雨量充沛**、气温偏高对果树的生长会产生影响吗？

贝贝神探又上网查找有关信息得知：这种天气对果树的抽梢很有利。这些不断抽出的秋梢、冬梢把果树原本准备分配给枝叶和花苞的营养大多给**抢走了**，剩下的营养物质已经不多，因此影响了果树的开花。没有足够的营养给花苞生长，加上今年又是果树结果的小年，这才造成今年果树花果很少。幸好狐狸给果树追施了壳聚糖叶面肥，对果树的开花、结果起到了一点促进作用，否则，花和果实还会更少一些的。

这时，贝贝神探已经**心知肚明**了，他让球球把全村的居民都召集到侦探所来开大会。

大家到齐后，贝贝神探把自己从网络上查到的资料公布给大家，然后得出果树减产的原因是天气造成的结论，并且把狐狸做的好事也一并告诉给大家。听到这儿，村民们恍然大悟，原来气候变化对果树的生长影响有这么大，差一点错怪了狐狸。大家纷纷走到狐狸的跟前，向他表示感谢。

狐狸被大家的举动感动得**泪流满面**，连忙说道："不要谢，不要谢，这是我应该做的。想不到我为森林村才做了这么一点小事，就受到这么多人的感谢。今后我要为森林村做更多的好事。"

会后，大家围着贝贝神探，询问有什么好办法可以让果树多结果。

贝贝神探打开随身带来的资料："根据我查询的资料，如果现在给还未结果的果树加施一些富含氮、磷、钾的肥料，可能会对开花、结果产生比较有利的影响。"

贝贝神探又对那些喜欢吃水果的动物们说："你们既然喜欢吃水果，就应该好好地种植果树，不能让它们自生自灭，应该采取**科学的方法**管理它们。比如，立秋以后，对那些新抽出来的幼枝芽要全部摘除，还要给果树疏枝，使果树在秋冬休眠期能把养分蓄积在树体组织内，并且还要对根部施肥，

降水多导致果树减产

或者叶面喷肥。

白山羊对这些知识感到很新奇："动物会冬眠，植物也会冬眠吗？"

贝贝神探说："会的。果树在秋末冬初时开始进入冬眠状态，枝叶会停止生长。近年来由于气候变暖，果树生长的气候环境发生了一些变化，本该冬眠时，却在不停地抽梢，影响了果树正常的**生长规律**。"

"我们怎么能跟天气对抗呢？"

"我们想改变气象环境的确很难，但是我们可以用人工对果树的生长加以干涉，如秋末冬初开始勤巡视果园，见到有不该抽出来的嫩枝芽就摘除，这样果树就能把营养物质蓄积起来，为第二年的开花结果打下良好的**基础**。"

大家听了贝贝神探的讲解后，感到受益匪浅，纷纷认识到科学种植果树的重要性，并立即行动起来。当然行动起来的不仅有爱吃水果的动物，也有一些不吃水果的动物，狐狸就是其中最积极的成员。他们按照贝贝神探提供的科学方法，给龙眼、荔枝、苹果等正处在开花期，或者即将进入开花期的果树追施了一些有利于开花、结果的肥料。这些科学的补救办法，应该可以让那些以水果为生的动物们不再为今年的食物发愁了。

气压变化让小白兔输了比赛

小白兔比赛又输了

多少年以来，小白兔心里就一直感到很不痛快，自从跟乌龟比赛，自己因为睡觉输掉以后，就一直成为大家的笑柄，有事没事其他的动物就会拿这件事来开自己的玩笑。小白兔一想到这件事就很郁闷，总想找机会和乌龟再比赛一场，如果真有这个机会的话，自己绝对不会掉以轻心，一定要大大超过乌龟，让大家对自己刮目相看，看以后谁还敢嘲笑自己。

思来想去，小白兔决定和乌龟进行爬山比赛，大家都是生活在平原地区的动物，爬山比赛对谁都不是强项，这就更能看出谁的跑步实力更强了。

小白兔去找乌龟宝宝，征求他的意见，

宝宝同意和小白兔再比赛一次。他们商定一个星期以后进行**爬山比赛**，地点就在离森林村不远的绿山。

绿山的海拔高度接近1000米，森林村的动物们平时很少去登这座山，不过小白兔却认为要举行登山比赛，就得找一座大家平时不太去登的山才更有意义。

准备进行**登山比赛**的头一天，小白兔特意去气象站问了一下第二天的天气，天气预报说当天下午会有雷阵雨。小白兔说："没关系，我们是上午比赛，下午下雨不会影响到比赛的。"

晚上，小猴子到小白兔家里玩，因为他们两个是最好的朋友，他可不希望小白兔这次比赛再输了，所以特意给小白兔带来一颗药丸。

小猴子对小白兔说："这是一颗有**兴奋**作用的药丸，明天比赛前，你把这颗药丸吃掉，比赛时就不会想**睡觉**了。"

小白兔高兴地接过药丸，感谢好朋友考虑得如此周到。

比赛的当天，小蚂蚁南南一大早就来敲小白兔的房门，他的手上还拿着一瓶黑牛饮料，广告上说这种饮料能**提神**，特别在进行紧张活动时，更能让人精神焕发，斗志昂扬。所以，南南特意买了一瓶送给小白兔，省得他在比赛时又打瞌睡。小白兔万分感谢大家这么关心他，表示一定要好好比赛，赛出自己真实的水平，赛出好成绩。

上午9时左右，森林村的动物们坐车来到绿山脚下，猴子东东手脚利索，率先登到山顶当裁判。喜鹊、燕博士分别飞到半山腰不同的地方当监督员，看是否会有发生什么舞弊现象和**突发事件**。

一切准备停当以后，由贝贝神探发令，登山**比赛开始**。

开始登山时，小白兔就不管一切地朝山上跑，梅花鹿北北在后面大叫：“小白兔，别跑那么快，等一下你就会没劲了。”

白山羊也大叫道：“小白兔，你的腿比乌龟宝宝**长多了**，你就是慢慢朝山上走，宝宝肯定也不是你的对手。”

可是，小白兔根本听不进大家的好言相劝，只是一个劲地朝山上跑。这一次比赛，他可是憋足了劲，要把宝宝远远地抛在后面，让他成为大家的**笑柄**，以后就没有谁敢

嘲笑自己了。

乌龟宝宝可是步伐依旧，慢慢地一步一步地往山上爬，即使看到小白兔在前面狂奔，他也不改变自己爬山的速度，按部就班地往山上爬着。一眨眼的工夫，小白兔的身影就看不见了。

山下的动物们纷纷议论起来：“这是一场没有悬念的比赛，不管是爬山，还是在平地比赛，乌龟不可能战胜小白兔。上次就是因为小白兔不专心，太自傲，才会输的。吃一堑长一智，这一次比赛，小白兔绝对不会再去睡觉了。”

这么高的山，这个比赛一时半会是不会有结果的，所以大家分头去玩耍起来，有的去采花、采草，有的去做游戏，等玩累了再集中起来，欢迎**胜利归来**的小白兔也不迟。

领先的小白兔差不多已经跑到半山腰的时候，喜鹊突然飞下山来，边飞还边叫：

“不好了，不好了，小白兔喘不过气来，躺在地上不能动，好像很痛苦，可能出问题了。”

大家一听都呆住了：“这是怎么回事，刚才还好好的小白兔，怎么会突然喘不过气来呢？”

贝贝神探让大家不要惊慌：“别着急，是不是刚才小白兔一个劲地往山上**狂奔**，累的，等他缓过气来就会好的。”

贝贝神探让喜鹊赶快飞到山上去打听情况，看看小白兔现在是不是恢复了。大家焦急地守在山脚下，等待喜鹊的归来。

过了半个多小时，喜鹊又飞回来了，一脸焦急的样子：“小白兔还是不行，一直躺在地上喘不过气来，现在乌龟宝宝已经爬到半山腰超过小白兔了。”

贝贝神探问：“宝宝的情况怎么样？”

“他的身体没什么问题，不过，他也不再往上爬了。”

梅花鹿北北插嘴说："宝宝肯定不会有事的，你看他**慢条斯理**的样子，怎么也不会累的。"

贝贝神探叫过咪咪法医，让白山羊帮他背药箱，到半山腰去看看小白兔是不是需要进行抢救，如果真的有问题，就要赶快抬下山。如果只是因为爬山太累，问题不大的话，那就在山上进行一般的治疗，等小白兔缓过劲来后，让白山羊把他背下山来，并同时宣布，今天的比赛就**到此为止**。

白山羊听从贝贝神探的指挥背起药箱，咪咪法医则扶着山羊的背慢慢朝山上走去。来到半山腰，就看到小白兔躺在地上，大口大口地**喘着粗气**，燕博士正蹲在旁边，给小白兔抚摸胸口，宝宝则趴在一旁，不知如何是好。

咪咪法医上前拿出听诊器为小白兔做检查，只听到他的心跳较快，呼吸很急促，呼吸声很粗，很疲劳的样子，不过身体的其他情况还比较正常。咪咪法医拿出一颗平喘片让小白兔服了下去。休息了一会儿，看小白兔的身体状况已经恢复了一些后，咪咪法医就把他扶到白山羊的背上，让白山羊把他背下山去。自己则和宝宝一起慢慢朝山下走去。喜鹊和燕博士抬着药箱先飞下山，向大家报告情况去了。

到了山脚下，小白兔不知是吃了平喘药的原因，还是休息后体力有所恢复的原因，精神好了许多，已经不那么**喘粗气**了。他从白山羊的背上跳了下来，对大家说："对不起，今天的比赛，我又输了，让大家失望了。下次找个时间再比。"

刚刚走下山的宝宝听了小白兔的话后，马上在一边说："今天的比赛出现了特殊情况，应该没有输赢。"

大家**七嘴八舌**地说："下次再不要爬山，还是在平地上比赛得了。"

贝贝神探看到大家都下山了，让大家赶

快上车回森林村休息。

气压变化让小白兔输了比赛

回到家里，小白兔左思右想，总觉得今天的比赛很**蹊跷**，自己的身体本来一直是好好的，怎么今天刚爬到半山腰就喘不过气来呢？是不是有人故意想害我，让我输给宝宝呢。小白兔越想越气，一个晚上都没有睡好觉。第二天一大早，就跑到侦探所找贝贝神探。

贝贝神探正在院子里锻炼身体，看小白兔来了，便迎了上去："小白兔，怎么样？今天身体恢复了吗？还难受吗？"

"谢谢，昨天下山以后，我的身体就基本恢复了。"

"你来找我有事吗？"

"我怀疑是有人**故意**想害我生病，想让宝宝赢得这场比赛。"

“你有证据吗？”

“我还不敢肯定，因为比赛前我曾经吃了一粒药丸，还喝了一瓶饮料。我怀疑这其中可能有问题。”

“那你把这些东西带来了吗？”

“药丸已经吞进肚子里，饮料瓶子带来了。”

贝贝神探叫来球球，让他把瓶子装进证物袋，送到咪咪法医那儿去**化验**一下。

球球走了以后，贝贝神探又继续和小白兔聊起来：“药丸是谁给你的？”

“是小猴子给的，他说这是有兴奋作用的药，吃了它，比赛时精神会比较好，不会**打瞌睡**。”

贝贝神探笑了笑：“那你觉得在比赛时，这个药丸是不是起到了提神作用？”

小白兔摸摸自己的脑袋，想了一下：“我也不知道是药丸的作用，还是我头一天晚上睡得比较好，反正比赛时精神很好，没有打瞌睡。不过平时上午我也不太爱打瞌睡的，谁会那么贪睡，早晨刚起床，马上又想睡觉，我应该算是一个比较**勤快**的人了。”

“那饮料呢？”

“是小蚂蚁南南送来的，他说这个黑牛饮料是提神的。”

贝贝神探笑了一下：“看来，比赛时你的精神不错，药丸和饮料应该帮了忙。你还有其他的证据吗？”

“有，南南和宝宝是好朋友，他应该会帮宝宝的忙，哪会好心帮我。我觉得他很可疑，其他的证据就没有了。”

“好，那你就先回家。我会**深入调查**的。”

贝贝神探等小白兔离开后，就和球球一起去找小猴子调查药丸的事。小猴子一听是这件事，就很爽快地说：“你们不会怀疑是我有什么问题吧？这粒药丸是我找咪咪法医要的，因为怕小白兔在比赛时再睡觉，所以好心帮他要了一颗有兴奋作用的药丸。我是真心想帮小白兔，每次看到有人嘲笑他，我就很生气。因为我是他的好朋友，我不希望他被人嘲笑。”

贝贝神探没有再多说什么，就返回侦探所去找咪咪法医，询问药丸的事。咪咪法医证实小猴子说的**情况属实**，并且还把饮料瓶的化验结果也告诉贝贝神探，饮料也没有问题。不过，贝贝神探还是让球球把蚂蚁南南找来问话。

南南一进门，贝贝神探就问：“没有去看看你的好朋友宝宝？”

南南摇摇头：“昨天爬山太累了，他还在休息，我没去打搅他。”

贝贝神探点点头：“你跟宝宝的关系这么好，干吗还要送饮料给小白兔？”

“我希望看到的比赛结果是**真实可信**的。上次他们比赛时，若不是小白兔睡觉，他怎么会输呢。这次比赛，我希望不要再发生睡觉的事，这样才能让大家看到最真实的比赛。”

贝贝神探笑容满面地把南南送出了侦探所，然后打开电脑登录森林村的气象网，查看气象与健康关系的内容。他发现各种气象要素对人体的健康都有影响，就连平时不太引人注意的**气压**对人体也有影响。

贝贝神探查看了一下比赛当天的气压，气压值在1000百帕左右，属于正常范围。但绿山的海拔高度有1000米，正常情况下，山上的大气压应该在900百帕左右，比山脚低了100多百帕。虽然小白兔只跑到了半山腰，但那儿的气压也会比山脚低。一定是气压给小白兔的身体带来了**不良影响**。

贝贝神探让球球下午把小白兔、宝宝、南南、小猴子都叫到侦探所来，他要把调查结果告诉大家。

下午，应该到场的几位都来到侦探所，听到消息的白山羊、梅花鹿和小灵猫也来了。贝贝侦探先把咪咪法医的检验结果告诉大家，说药丸和饮料都没有问题，问题出在气压上。

小白兔不相信："我喘不过气来与天气有什么关系？"

贝贝神探解释说："在正常情况下，标准大气压一般在1013百帕左右，但是，随着高度的增加，气压会有规律地下降。"

小灵猫问："什么样的规律？"

"当海拔高度为0，也就是与海平面一般高时，如果气压是1010百帕，那么在海拔1000米高处，气压就会降到900百帕，在3000米处，气压只有700百帕了。"

"那就是说差不多每上升1000米，气压就要下降100百帕左右。"

贝贝神探点点头："对。不仅气压会降低，空气也会越来越稀薄，空气中的氧气也会越来越少。人体吸进的氧气减少，供应给全身的氧气也减少，造成血氧过少，人就会

感到很难受。”

小白兔说：“但是，我还没有跑到山顶就已经喘得受不了了。”

“那是因为你一开始就往山上狂奔，跑步时，体内氧气的需要量会加大，而越往上，氧气又比山下更少。为了满足身体的需要，你只能加快**呼吸频率**，对吧？”

“没错，越感到胸口闷，我的呼吸频率就越快。”

“对，越往上跑，你体内需要的氧气量也就越多，而由于你大口快速地呼吸，造成呼吸变浅，换气量减少，**二氧化碳**不能充分地排出，在肺泡中占据了一些地盘，从而限制了氧气的吸入，因此，你就会更加喘不过气来。”

“我不停地张开大口呼吸都喘不过气来。”

“所以，你才**呼吸不畅**，喘个不停，没办法行动了。”

小灵猫在一旁听明白了：“啊，原来是这么回事！”

小白兔说：“我差点错怪了小猴子和南南。”

小灵猫问贝贝神探：“那以后我在跑步时，要怎样呼吸呢？”

贝贝神探告诉小灵猫："跑步时，呼吸要做到慢、细、长，有意识地把双脚步伐节奏与呼吸节奏**协调**起来。跑步时尽量用鼻子呼吸，当跑步距离和强度加大时，改用口鼻吸气、口呼气的呼吸方式，口呼气时嘴微微张开，千万不能用嘴大口快速地呼吸。"

小白兔走到宝宝跟前："这次比赛不算数，下次我一定要赢你。"

宝宝拍拍小白兔的手："其实不用比我就知道自己不是你的对手，不管什么时候比赛，你**肯定会赢**的。"